AF509822

MÉMOIRE

SUR LES

QUANTITÉS DE SEL

(CHLORURE DE SODIUM)

CONTENUES

DANS LES PLANTES DES TERRAINS SALIFÈRES ET NON SALIFÈRES,

ET SUR

L'ÉTAT DE LA VÉGÉTATION DANS LES PREMIERS TERRAINS,

SOUS L'INFLUENCE DE L'EAU.

MÉMOIRE

SUR LES

QUANTITÉS DE SEL

(CHLORURE DE SODIUM)

CONTENUES

DANS LES PLANTES DES TERRAINS SALIFÈRES ET NON SALIFÈRES,

ET SUR

L'ÉTAT DE LA VÉGÉTATION DANS LES PREMIERS TERRAINS,

SOUS L'INFLUENCE DE L'EAU;

PAR M. BECQUEREL,

Membre de l'Académie des sciences, etc.,

LU A LA SOCIÉTÉ ROYALE ET CENTRALE D'AGRICULTURE, LE 7 JUILLET 1847.

PARIS,

TYPOGRAPHIE DE FIRMIN DIDOT FRÈRES,

IMPRIMEURS DE L'INSTITUT,

RUE JACOB, 56.

1847.

MÉMOIRE

SUR LES

QUANTITÉS DE SEL

(CHLORURE DE SODIUM)

CONTENUES

DANS LES PLANTES DES TERRAINS SALIFÈRES ET NON SALIFÈRES,

ET SUR

L'ÉTAT DE LA VÉGÉTATION DANS LES PREMIERS TERRAINS,

SOUS L'INFLUENCE DE L'EAU.

Dans les expériences qui ont été faites jusqu'ici pour déterminer le degré d'influence que le sel marin (chlorure de sodium) exerce sur la végétation, on s'est borné à répandre cette substance, en diverses proportions, sur un sol ensemencé de céréales ou de plantes fourragères, sans avoir égard à la nature du sous-sol et à plusieurs conditions que je vais indiquer, lesquelles exercent une grande influence sur les effets produits. Si le sol est perméable jusqu'à une grande profondeur et que la saison soit pluvieuse, le sel répandu est entraîné par les eaux, et ne revient que très-rarement, et même pas du tout, à la surface, lorsque le temps devient sec. Dans ce cas, son effet est nul ou à peu près. Quand le sol est imperméable, les eaux le ramènent continuellement à la surface, au fur et à mesure que l'air devient plus sec, et il produit alors des effets fâcheux et même désastreux. Si l'on veut arriver à des résultats satisfaisants, il faut éviter ces deux extrêmes. Pour examiner ce qui se passe dans ces diverses circonstances, je me suis placé dans des positions telles que tout le monde fût à même de vérifier mes observations et le résultat de mes expériences ; mode de contrôle que l'on doit toujours présenter au public, quand il s'agit de questions d'intérêt général. Ces observations et ces expériences ont été faites dans les anciennes salines de l'Est, appartenant jadis à l'État, devenues depuis quelques années propriétés particulières, et confiées à l'administration sage, éclairée et paternelle de M. de Grimaldi. Auparavant, j'indiquerai comment j'ai opéré pour déterminer la quantité de sel contenue dans les plantes : un ou deux kilogrammes de plantes lavées préalablement, dans le plus grand état possible de dessiccation, ont été incinérées à une température le moins élevée possible, afin d'éviter de volatiliser le sel. Quand elles renfermaient une forte teneur en sel, l'incinération était très-difficile : la matière se ramollissait, et il fallait de grandes précautions pour achever l'opération. On prenait ensuite un, deux ou trois grammes de cendres, suivant la teneur, qu'on lessivait à l'eau chaude, jusqu'à ce que les dernières eaux ne donnassent plus la réaction propre au chlorure de sodium. La lessive était ensuite acidulée avec de l'acide nitrique, afin de décomposer tous les carbonates, et on versait dedans un léger excès de nitrate d'argent pour précipiter le chlore du sel dissous. On décantait et on lavait à grande eau bouillante le précipité (chlorure d'argent) qu'on décomposait avec une lame de zinc et de l'eau légèrement acidulée par l'acide sulfurique. L'argent, lavé avec la même eau acidulée, calciné et pesé, donnait le chlore contenu dans la prise d'essai, et par suite la quantité de sel qu'elle renfermait; d'où l'on concluait la teneur en sel dans la plante amenée à un grand état de dessiccation. Passons aux faits.

A la saline de Montmorot, près de Lons-le-Saulnier (Jura), il existe un bâtiment de graduation dirigé du nord-est au sud-ouest, ayant environ cinq cents mètres de longueur. Sur la face ouest, à seize mètres de distance, se trouve une prairie naturelle, où la végétation est des plus vigoureuses; et cependant, la partie qui avoisine ce bâtiment est sans cesse exposée à une pluie d'eau salée, surtout lorsque soufflent les vents d'est, du nord-est, et du sud-est. J'ai vu, dans cette partie, du raigrass d'un mètre de haut. Les plantes se trouvent donc très-bien de ce régime d'eau salée, distribuée sous la forme de pluie très-fine, dans un sol naturellement humide, condition qui joue un grand rôle dans l'action du sel sur la végétation, comme on le verra plus loin. Ces plantes, parfaitement desséchées, renferment 0,9188 p. 100 de leur poids, de sel. (Voir le tableau ci-annexé.)

Sur la face est, à quatorze mètres, la prairie est également admirable : les plantes en contiennent 0,90 ; tandis que celles de la même prairie, à cinq cents mètres de la graduation, n'en renferment que 0,408, ou un peu moins de moitié. Des plantes fourragères cultivées loin de la graduation, sur un sol calcaire, élevé de dix mètres au-dessus des marnes irisées, gisement du sel, n'ont donné que 0,39. Ainsi la teneur en sel dépend du voisinage de la graduation et du terrain salifère.

L'usine de Salins est placée sur les alluvions de la Furieuse, qui recouvrent les marnes irisées, entre deux montagnes appartenant à la formation jurassique, et dont l'une, celle où se trouve le fort Bélin, est élevée de trois cent cinquante mètres au-dessus de la vallée ; sur le versant opposé à la ville, on y cultive des céréales et diverses plantes fourragères, entre autres le sainfoin, qui ne renferme seulement qu'un millième de sel; tandis que, dans la vallée, la teneur est beaucoup plus considérable. Il est à remarquer que cette montagne, lors du soulèvement qui a mis à découvert les marnes irisées dans la vallée, a été crevassée dans toutes sortes de directions, de sorte qu'elle se trouve en communication très-indirecte avec le terrain salifère.

A la saline d'Arc (Doubs), il existe, comme à Montmorot, un bâtiment de graduation, de même longueur et semblablement dirigé. A treize mètres de distance de chaque côté, on y cultive avec succès diverses plantes fourragères et des céréales, telles que blé, avoine, orge, maïs, etc. ; la végétation y est partout dans un état florissant, excepté dans les endroits qui ont été inondés par les eaux douces ou les eaux salées.

Les plantes fourragères qui se trouvent le plus près de la graduation contiennent, comme à Montmorot, un peu moins de 1 p. 100 de sel; tandis que celles qui en sont éloignées de quarante mètres, et qui ne reçoivent que très-obliquement des gouttelettes d'eau salée, n'ont donné à l'analyse que 0,49.

Les terres où sont cultivées ces plantes, en raison d'un sous-sol très-perméable, ne renferment que des traces de sel. Il faut en excepter toutefois les parties qui ont été salées par suite de fuites ayant lieu de temps à autre, dans la conduite des eaux salées de Salins à Arc. Ces portions de terre, qui contiennent 1,33 p. 100 de sel, sont impropres à toute culture pendant deux ou trois ans, et l'on n'y voit apparaître dans les premiers temps aucune végétation ; aussi l'administration des salines est-elle obligée de donner des indemnités aux propriétaires quand cet accident a lieu.

On a remarqué, dans cette localité, que lorsque la pluie fine d'eau salée, pendant la graduation, devient plus abondante et que l'air est sec, les feuilles qui la reçoivent jaunissent, et finissent par mourir. Dans ce cas, le sel déposé, après l'évaporation de l'eau, agit comme un violent caustique. L'arrosage avec l'eau salée, pendant les temps de sécheresse, doit produire des effets semblables.

Dans l'intérieur de la saline de Dieuze (Meurthe), près du dépôt des résidus de la fabrique de soude et de la lixiviation du sel gemme, se trouve un fossé donnant écoulement aux eaux et dont les bords sont couverts de la plus belle végétation. On y trouve entre autres les espèces de plantes suivantes : *thlaspi sativum ; achillæa millefolium ; clinopodium vulgare ; ranunculus acris ; rumex acetosa crespis ; diverses graminées,* etc. Toutes ces plantes, qui sont exposées à l'action continuelle du sel et de l'eau pendant leur développement, renferment, à l'état sec, près de 2 p. 100 de leur poids de sel.

Voici d'autres faits qui, par leur importance, serviront peut-être encore plus que les précédents à montrer la nature de l'influence que le sel est capable d'exercer sur la végétation, pour l'amélioration des fourrages ; nous prendrons ces faits dans les prés salés qui bordent le cours de la Seille, dans les environs de Dieuze et de Marsale (Meurthe).

On a dit, avec raison, que l'on ne trouvait dans les prés salés que des plantes spéciales, des plantes auxquelles le sel convenait ; cela est vrai. Mais a-t-on suivi avec soin le passage de la végétation dans ces prés, à celle dans les prairies contiguës peu salées, où ces mêmes plantes ne se montrent plus, ou du moins ne s'y trouvent qu'en très-petit nombre, afin de voir comment le sel intervient soit sur la végétation en général, soit sur la qualité du fourrage ? J'en doute. Au surplus, voici ce que j'ai observé à cet égard à très-peu de distance du village de Lindre-Basse, près de Dieuze, dans un pré où il existe des sources d'eau salée ; cette eau, en s'épanchant, baigne plus ou moins le terrain environnant, selon qu'il est plus ou moins élevé. Des efflorescences, dans les temps de sécheresse, décèlent la présence du sel et indiquent par leur abondance la quantité qu'il en renferme. Dans les parties les plus basses et par conséquent les plus salées, on ne trouve aucune trace de végétation. Dans celles qui le sont un peu moins, la plante qu'on rencontre la première est la *salicornia herbacea* ; vient ensuite l'*aster tripolium* ; dans les terrains moins salés encore, on trouve le *triglochin maritimum* et l'*atriplex salina*, etc. Voici, du reste, les principales plantes qui croissent dans les marais salés de la Seille, Lindre-Basse, Dieuze, Marsalle et Vic :

Alsine marina.
Elatine hexandra.

Aster tripolium vulgare.
Salicornia herbacea, atriplex salina.
Rumex maritimus; polygonum littorale.
Triglochin maritimum.
Zanichella palustris.
Juncus gerardi.
Crypsis alopecuroïdes; glyceria distans.
Ulva intestinalis.

Quand le terrain est suffisamment exhaussé, d'un à deux mètres environ au-dessus des parties les plus basses, et même moins, et que l'on a pratiqué des fossés d'écoulement, la végétation se développe avec force et la conquête est complète; on a alors un excellent pré, dans lequel on trouve les espèces suivantes : *rumex antisa, chrysanthemum, leucanthemum, plantago media, vicia sativa,* etc.

Un cultivateur de la commune de Lindre-Basse auquel je demandais ce que l'on pensait dans le pays, de la nature de ces prés ainsi améliorés, me répondit spontanément : Oh! le foin qu'ils rapportent est de première qualité; le bétail en est friand et s'en trouve très-bien. Cette réponse d'un homme qui ignorait que ce fourrage renfermât un demi pour cent de sel est péremptoire , puisqu'elle prouve l'influence du sel sur les prairies naturelles pour leur faire produire des fourrages de qualité supérieure. Je ferai remarquer que les prairies environnantes, dont les plantes ne sont pas autant salées à beaucoup près, ne donnent pas du fourrage placé aussi haut dans l'estime des cultivateurs, et qu'en général ceux-ci pensent que la présence du sel dans un pré détruit les mousses et les plantes amères; fait qui a déjà été observé en Angleterre, et que j'ai eu moi-même l'occasion de constater dans les environs de Dieuze.

J'ai consigné, dans le tableau annexé à ce Mémoire, la teneur en sel des plantes qui croissent dans les prés salés, ainsi que dans les prairies contiguës un peu plus élevées.

J'ai adopté quatre divisions de plantes, d'après la quantité de sel qu'elles renferment :

1° L'*atriplex salina*, employé à des usages comestibles, 22 p. 100 de son poids de sel.

2° Le *salicornia herbacea*, employé à des usages comestibles, 14 p. 100 de sel.

3° Le *tryglochin maritimum*, 11 p. 100 de sel.

4° Les plantes de pré précédemment mentionnées, 0,47 p. 100.

Pour terminer ce qui concerne les faits observés, je dirai que, dans les environs de Phalsbourg, un très-beau sainfoin, cultivé dans une terre végétale de peu d'épaisseur, reposant sur une couche de calcaire non salifère, n'a donné pour la teneur en sel, après parfaite dessiccation, que 0,0002 de sel ; quantité insignifiante.

Tels sont les principaux faits servant à indiquer les rapports existant entre les quantités de sel contenues dans les plantes et la nature du terrain où elles sont cultivées. Je vais essayer maintenant d'en tirer des conséquences, sans prévention pour ou contre le rôle que le sel peut jouer en agriculture.

Ces faits montrent que la teneur en sel des plantes fourragères ou autres, cultivées ou croissant naturellement dans divers terrains, est dépendante de la quantité de cet agent qu'elles reçoivent à l'état de solution étendue, et que cette teneur peut aller jusqu'à 22 p. 100

dans les plantes des prés salés, et à 1 et même 2 p. 100 dans celles des prairies ordinaires, sans pour cela que la végétation en reçoive la moindre atteinte, puisqu'elle est toujours forte et vigoureuse.

Il est démontré, en outre, que lorsque l'eau salée tombe en pluie très-fine sur le sol et sur les feuilles, la végétation est dans un état très-prospère; les plantes prennent alors 1 p. 100 et au delà de sel, sans que la terre en contienne sensiblement; mais si cette pluie est abondante et que l'air soit sec, le sel, après la volatilisation de l'eau, agit comme un caustique et détruit les feuilles, puis les plantes elles-mêmes, si l'état atmosphérique ne change pas. De semblables effets sont produits quand la terre ayant été salée, le sel revient à la surface dans les temps de sécheresse.

Quand le sel est présenté en très-petite quantité à la fois aux plantes, par l'intermédiaire de l'eau, elles peuvent donc en absorber une très-grande quantité, qui, une fois introduite dans les tissus, n'est pas enlevée sensiblement par les eaux pluviales ni par le travail incessant de l'excrétion. Il est digne de remarque qu'une faible proportion de cette substance appliquée sur les feuilles ou les racines exerce des effets désastreux, tandis qu'une forte quantité absorbée n'empêche pas les plantes de croître avec force.

Ces expériences ayant été faites à l'époque de la floraison, on se demande si la quantité de sel augmente avec la maturité, en raison d'une plus grande proportion d'eau salée absorbée, et si, lorsque la végétation a perdu de sa force, une partie du sel en est expulsée peu à peu dans le travail de l'excrétion. Je me bornerai à répondre, en ce qui concerne la première question,

que des plantes, dans le voisinage de la graduation de
la saline de Montmorot, qui avaient une teneur de 0,90
en sel, le 5 juin dernier, en possédaient une de 1,65 et
même de 1,77, quinze jours plus tard (voir le tableau);
dans cet intervalle de temps, elles avaient donc absorbé
le double de sel. Quant à la seconde question, il est à
présumer que, dans la dernière période de la végétation, une partie du sel est enlevée insensiblement par
l'eau, de même que le sont les sels à base de potasse
contenus dans les branches détachées d'un arbre depuis
quelque temps, et exposées aux intempéries de l'at-
mosphère.

On doit inférer de ce qui précède que le sel dissous
dans l'eau en faible proportion et présenté successive-
ment aux plantes est absorbé par celles-ci, qui peuvent
en prendre des quantités considérables sans cesser pour
cela d'être dans un état de parfaite santé, et constituent
alors un excellent fourrage.

Mais, si les fourrages gagnent en qualité, gagnent-
ils aussi en quantité? Je l'ignore; car je ne sais jusqu'à quel point la nature du sol, son état hygrosco-
pique et le climat ont influé sur la végétation dans les
diverses localités où j'ai fait mes observations. Je men-
tionnerai cependant un fait qui, bien qu'isolé et pou-
vant être attribué à une cause étrangère, ne doit pas être
écarté de la question : du côté ouest du bâtiment de
graduation de la saline d'Arc, se trouvait un champ de
maïs, où la partie qui en était la plus rapprochée pré-
sentait bien certainement une végétation plus active et
plus vigoureuse que le milieu du champ et la partie op-
posée. Si ce fait, le seul que j'aie eu encore l'occasion
d'observer, ne suffit pas pour prouver que le sel, dans

les conditions citées, agit comme amendement pour augmenter la quantité, il montre du moins que sa présence n'empêche pas que la végétation soit plus active dans une portion de terrain que dans une autre contiguë, qui est moins exposée à son influence.

Comme dernière conséquence des faits consignés dans ce Mémoire, je dirai que, si l'on veut appliquer le sel comme amendement à la culture des plantes fourragères et à l'amélioration des prairies naturelles, il est nécessaire de prendre en considération les effets produits sur la végétation, dans le voisinage des bâtiments de graduation, par l'éparpillement des gouttelettes d'eau salée, et le procédé à l'aide duquel on transforme depuis longtemps les marais salés de la Seille, où il n'existe que peu ou point de végétation, en d'excellentes prairies; procédé qui consiste à élever le terrain de 1 à 2 mètres, et à pratiquer de petits fossés ou rigoles donnant écoulement aux eaux pluviales qui dissolvent une partie du sel, et en laissent une quantité suffisante pour en fournir aux plantes.

L'eau et *le sel* en petite proportion, voilà les éléments qu'il faut employer pour faire produire à la terre des fourrages de qualité supérieure. Quant aux céréales, voici ce que j'ai observé dans un champ d'avoine placé dans les marais salés et légèrement incliné : dans la partie la plus basse, contiguë au pré salé, où il n'y avait que très-peu de végétation, l'avoine n'est pas venue; plus haut, quelques plants malvenants se sont montrés; plus haut encore, les plants étaient plus nombreux et mieux venants, ainsi de suite. Enfin, dans la partie la plus élevée, la végétation était de la plus grande beauté et comparable à tout ce qu'on peut voir de mieux dans les contrées les plus fertiles ; il y avait là un contraste frappant avec l'avoine cultivée dans les champs voisins.

Dans ce Mémoire, j'ai rapporté des observations et des faits : les observations peuvent être constatées par les habitants de Lons-le-Saulnier, de Salins, d'Arc et de Dieuze ; les faits, par quiconque voudra cueillir des plantes dans les localités citées, et les soumettre aux expériences que j'ai indiquées.

TABLEAU des quantités de sel (chlorure de sodium) contenues dans des plantes cultivées dans divers terrains, sous ou sans l'influence du sel.

DATES.	LOCALITÉS.	NATURE DU TERRAIN.	NATURE DES PLANTES.	QUANTITÉ DE CENDRE Produite pour cent parties de plantes sèches.	CONTENANCE EN SEL Pour cent parties de plantes sèches.
	SALINE D'ARC (Doubs).				
1er juin.	A 14 mètres à l'ouest de la graduation.	Argilo-calcaire.	Sainfoin.	7,78	0,94
	A 14 mètres à l'est de la graduation.	Id.	Id.	6,97	0,92
	A 40 mètres en tête de la graduation, au delà du canal servant à la roue hydraulique.	Id.	Plantes de pré.	9,98	0,49
3 juin	**SALINS.** (Jura.)	Calcaire jurassique à 350 mètres au-dessus du sol de la ville.	Sainfoin.	6,22	0,1004
		Plus bas.	Luzerne.	8,24	0,1704
	SALINE DE MONTMOROT (Jura).				
5 juin.	A 14 mètres à l'est du bâtiment de graduation.	Alluvion.	Plantes de pré.	6,25	0,90
	A 16 mètres à l'ouest du même bâtiment.	Id.	Raigrass.	5,75	0,9188
	Butte de Montmorot à 10 mètres environ au-dessus des marnes irisées.	Calcaire.	Raigrass.	7, 3	0,396
	Près d'une conduite d'eau salée.	Alluvion.	Branche d'un saule tué par l'eau salée.	5,46	0,342
	A 500 mètres au sud-est de la graduation.	Id.	Raigrass et plantes mêlées.	8,00	0,4080
12 juin.	**SALINE DE DIEUZE (Meurthe).** Fosse d'écoulement près des résidus provenant de la fabrique de soude et de la lixiviation du sel gemme.	Marnes irisées.	Plantes diverses.	7	1,82
12 juin.	**PRÈS DU VILLAGE DE LINDRE (Meurthe).** Dans la vallée de la Seille; prairie plus ou moins salée.	1° Alluvions sur les marnes irisées.	Atriplex salina.	10,00	22,50
		2° Id.	Salicornia herbacea.	31,	14,00
		3° Id.	Triglochin maritimum.	23,70	11,60
		4°	Plantes diverses de prairies.	6,06	0,47
9 juin.	**AU-DESSUS DE LA COTE DE SAVERNE,** Entre Roville et Phalsbourg.	Terre végétale d'un décimètre d'épaisseur, au-dessus d'une couche de calcaire, recouvrant les marnes irisées.	Sainfoin.	4,01	0,022
20 juin	**SALINE DE MONTMOROT.** A 14 mètres à l'est de la graduation.	Alluvions sur les marnes irisées.	Raigrass.	6,978	1,6472
	Idem.		Id.	6,978	1,7734